真實遠比小說更出人意表……將此故事獻給漢娜、蘿拉、韋卜，
以及世界各地的家人。——CB

獻給我愛的茱兒、亞美斯、艾爾斯。——SW

獻給我愛的杰伊。——AH

文字
凱瑟琳・巴爾
Catherine Barr

在英國里茲大學專攻生態學，而後成為記者。她在國際綠色和平組織工作了七年，從事野生動物與林業保育的宣導，長期關心環境議題。目前為通訊公司合夥人，和她的伴侶及兩個女兒住在英國赫里福德郡靠近海伊村的山上。

文字
史蒂夫・威廉斯
Steve Williams

具有海洋生物學及應用動物學位的生物學家，畢業於英國威爾斯大學。他對野生動物的熱愛，於受訓成為教師後更延伸至海洋，目前在威爾斯鄉下的綜合中學教授科學。他養蜂，和他的妻子及兩個女兒住在海伊村附近。

繪圖
艾米・赫斯本
Amy Husband

在英國利物浦大學藝術學院學習平面藝術。她的第一本繪本《親愛的老師》（Dear Miss）榮獲2010年劍橋兒童圖畫書獎。艾米和她的伴侶住在約克，在一個能夠眺望英國約克大教堂的工作室裡工作。

翻譯　**張東君**

科普作家。臺灣大學動物學研究所碩士、日本京都大學理學研究科博士班結業。現任臺北動物保育教育基金會祕書組組長，餘暇從事科普寫作、翻譯和口譯。榮獲第五屆吳大猷科學普及著作獎少年組特別獎（翻譯類）、第四十屆金鼎獎兒童及少年圖書獎，著譯作超過一百六十本，目標是「譯作等身，著作等歲數」。

閱讀與探索
演化之書：生命起源的故事
文字：凱瑟琳・巴爾、史蒂夫・威廉斯｜繪圖：艾米・赫斯本｜翻譯：張東君｜審訂：黃大一

總編輯：鄭如瑤｜文字編輯：劉子韻｜美術編輯：莊芯媚｜印務經理：黃禮賢
社長：郭重興｜發行人兼出版總監：曾大福｜業務平臺總經理：李雪麗｜業務平臺副總經理：李復民｜實體通路協理：林詩富
網路暨海外通路協理：張鑫峰｜特販通路協理：陳綺瑩｜出版與發行：小熊出版・遠足文化事業股份有限公司
地址：231 新北市新店區民權路108-2號9樓｜電話：02-22181417｜傳真：02-86671851｜客服專線：0800-221029
劃撥帳號：19504465｜戶名：遠足文化事業股份有限公司｜Facebook：小熊出版｜E-mail：littlebear@bookrep.com.tw
讀書共和國出版集團網路書店：http://www.bookrep.com.tw｜客服信箱：service@bookrep.com.tw
法律顧問：華洋法律事務所／蘇文生律師｜印製：凱林彩印股份有限公司
初版一刷：2018 年1月｜二版四刷：2022年2月｜定價：360元｜ISBN：978-957-8640-74-0

小熊出版官方網頁　小熊出版讀者回函

演化之書
生命起源的故事

The Story of LIFE：A first book about evolution

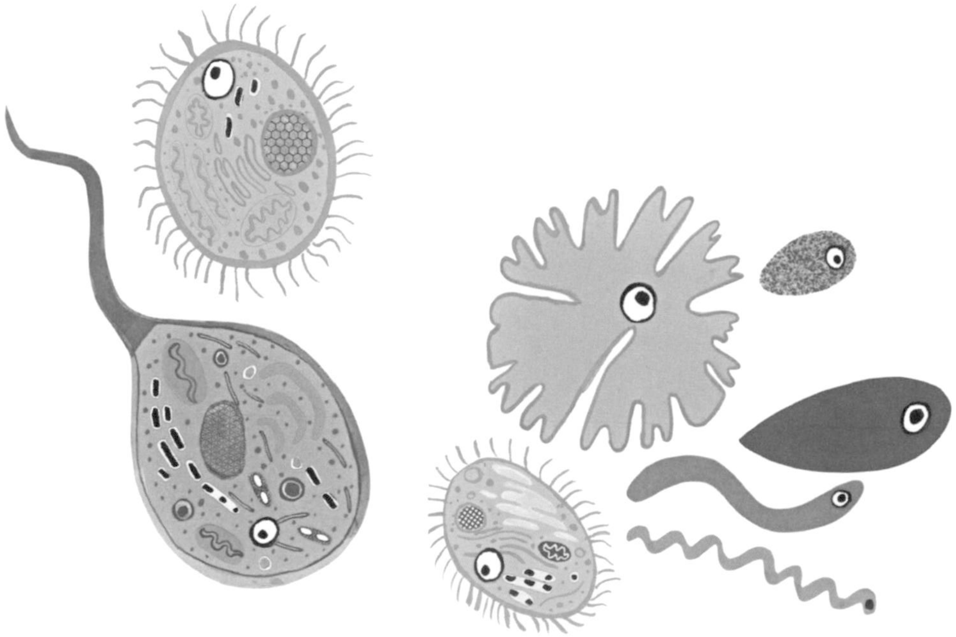

文字 凱瑟琳・巴爾、史蒂夫・威廉斯
繪圖 艾米・赫斯本
翻譯 張東君
審訂 黃大一（臺灣知名古生物專家）

Little Bear Books

最開始，地球上**沒有任何生命體**，
是個非常熱、非常吵的地方。
令人窒息的氣體從火山內處噴發，
岩漿形成的海洋，
在地球各處冒著滾燙的泡泡。
熔岩噴泉在塵土形成的雲層下，
噴濺著燃燒的土塊。

四十五億年前

大量來自太空的隕石，
直接撞進滋滋作響的水中。

而深深的水中，又熱又黑的
氣體朝著水面噴發，衝向
這個古怪又沒有生命的
世界。

接著，**在很深的**黑暗海洋中，
發生了神奇的事情。
在稱為黑煙囪的海底火山附近的
熱水中，一些微小浮游物體開始
聚集在一起。

三十五億年前

這些浮游物迷你到肉眼無法看見。
它們可能是從太空掉下來，
也可能是跟著氣泡從海床漂上來。
總之，它們形成了地球上最初的生命。

這個最初的生命，
只是一顆小到不可思議、
幾乎不具雛形的球體，
稱為細胞。

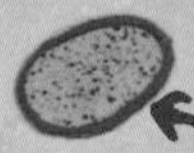

隨著時間過去，細胞逐
漸聚集在一起，成為黏
稠的細胞團塊，再漸漸
的長到像枕頭般大小。

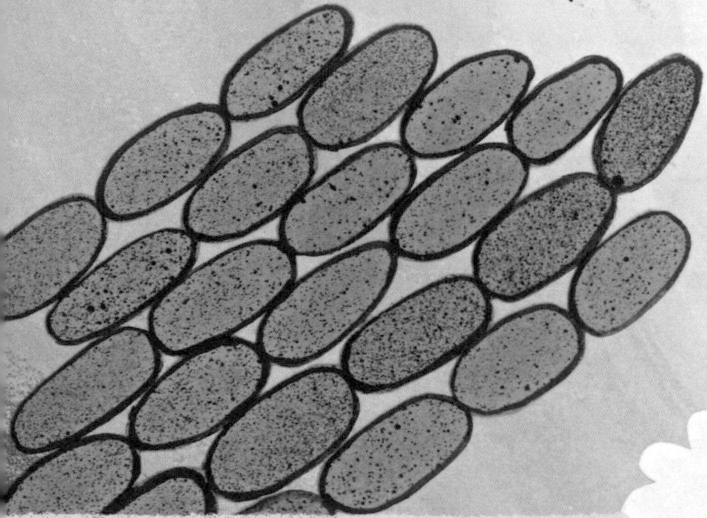

三十億年前

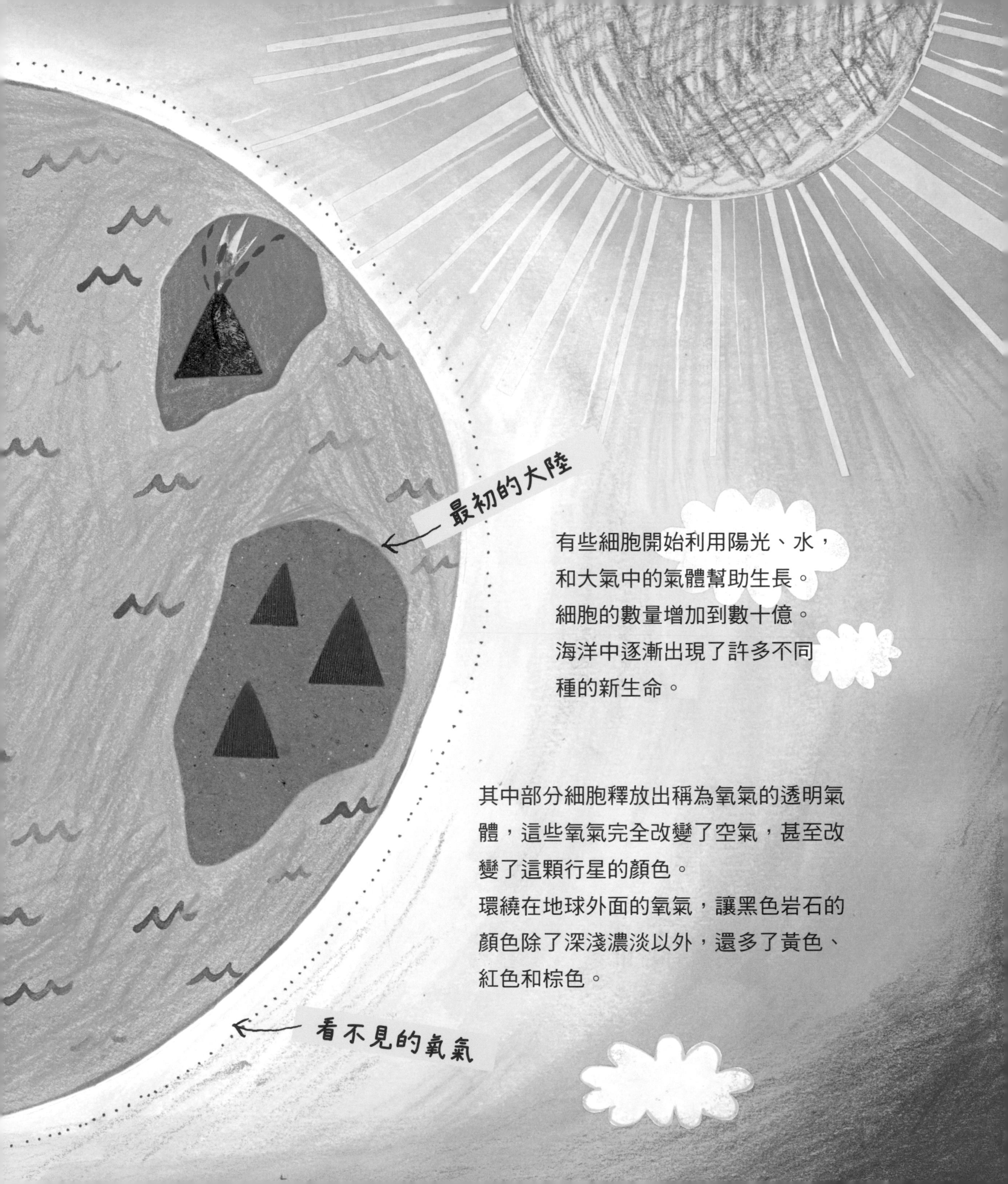

有些細胞開始利用陽光、水，和大氣中的氣體幫助生長。細胞的數量增加到數十億。海洋中逐漸出現了許多不同種的新生命。

其中部分細胞釋放出稱為氧氣的透明氣體，這些氧氣完全改變了空氣，甚至改變了這顆行星的顏色。
環繞在地球外面的氧氣，讓黑色岩石的顏色除了深淺濃淡以外，還多了黃色、紅色和棕色。

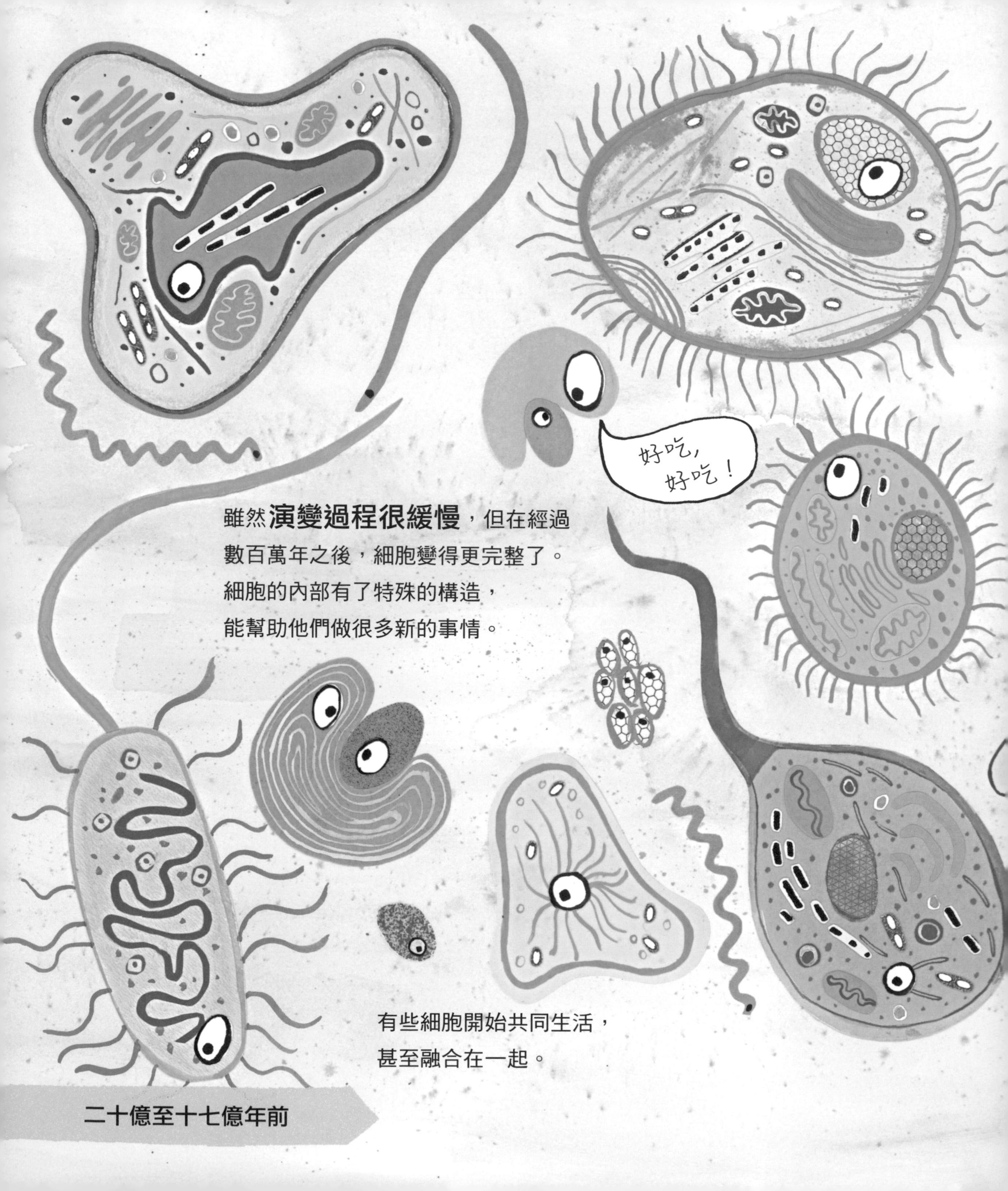

雖然**演變過程很緩慢**，但在經過數百萬年之後，細胞變得更完整了。細胞的內部有了特殊的構造，能幫助他們做很多新的事情。

有些細胞開始共同生活，甚至融合在一起。

二十億至十七億年前

當大氣中有了足量的氧氣後，有些細胞開始利用氧氣來生長、發育。而這種新氣體也從此讓生物完全改變。細胞長成各種奇怪有趣的形狀和大小，其中一些成為最初的動物。此時，地球上的生命就算是真的開始繁衍了。

海洋中充滿了會漂浮、
扭動或是跳躍的生物。

幾百萬年過去，這些不停在海中活動的生物演化成了柔軟的水母和蠕蟲。慢慢的，它們演化成近似螃蟹或魚的動物。

五億二千五百萬至三億年前

在這些海洋生物之中，有些會搶奪空間、
彼此弱肉強食，長得越來越大。
有些則是以植物或是以動物的遺體為食。

從漆黑的海洋深處到淺水海域，
不同的生物各自生存在適合的水域環境中。

當海洋中充滿了生命，

植物和動物開始往陸地入侵。

在淺水中，溼溼黏黏的植物對著陽光伸展，

以非常、非常緩慢的速度演化成為高高的樹木。

不同的植物出現，在陸地上綿延成許多

不同樣貌的綠地。

具有能夠彎曲的頸部和腳狀鰭的

提塔利克魚，努力爬到了岸上。

四億五千萬至三億年前

終於，潮溼的森林中，充滿了蛙類般的動物和其他溼溼黏黏的生物。巨大的昆蟲起飛，在又熱又潮溼的空中做了首次飛行。

好景不常，**災難來臨了！**
發生了滅絕地球上大部分生命的可怕事件。
我們不確定是什麼原因導致災難發生，
科學家也還在尋找線索，
很可能是火山爆發噴出的巨量灰塵，
遮蔽了太陽。

二億五千萬至二億二千萬年前

在失去陽光，也失去溫暖的狀態下，生物很難存活。
不過，帶有鱗片、蜥蜴般的動物卻活下來了。
牠們產下陸地上最初的卵，開始繁殖，
並且長得比從前還要大。
而後，牠們長成有史以來最巨大的動物——恐龍。

當最大的恐龍開始行走，地球也隨之震動。
當其他動物還在沼澤中艱苦跋涉時，
這些碩大無比的爬蟲類則轟隆隆如雷般的越過了沙漠。

有些恐龍像房子一樣高、還有
鋸齒般的利牙，真的非常嚇人。

而沒有牙齒、但有喙部的小型恐龍，是跑得最快的動物之一。牠們靠著鉤狀的四肢，在平原上到處追逐。

有些恐龍以植物為食，有些恐龍則是以吃植物的恐龍為食。

這些恐龍在陸地上四處活動，當時陸地還只是一塊巨大的島嶼，才正要開始分裂，各自漂移。

蜥蜴般的驚人動物在空中遂巡，

而大型的鱷魚、鯊魚，還有其他巨大的
爬蟲類則在溫暖的海洋中游動。
天空中、陸地上、海洋裡，
充滿數百萬種不同的植物和動物。

二億至六千五百萬年前

小型的有毛動物是最初的哺乳類，
快速鑽進擁擠森林中的洞穴裡。
牠們也是最早直接生下寶寶，而不是
生蛋的動物。

所有生物都得搶奪食物和空間，
而最成功的生物才能存活下來，
此時最初的鳥類也開始啁啾鳴唱。

當第一朵花在溫暖陽光中綻放，

色彩也在各地出現。

透過昆蟲的幫忙，這些花兒茁壯成長、
四處傳播，它們的新氣味隨著微風擴散。

一億四千四百萬至六千五百萬年前

但是，
所有事情又再次
有了改變。

巨大的隕石撞擊了平原，
揚起厚厚的塵土。
地球上四處火山爆發。
灰塵掉落、岩漿流動、氣溫下降，
這些因素都導致生物死亡。

這個世界墜入冰冷黑暗中。

氣候嚴寒，食物缺乏，恐龍都死了。

六千五百萬至一千萬年前

這一回，反而是有毛的小型動物存活下來了。
可能是因為牠們找到避難之處，
而且身上的毛可以讓身體保持溫暖。
這些溫血、有毛的動物，演化成許多種不同的動物。
隨著恐龍滅絕，哺乳類接掌了這世界。

猴類和猿類在非洲
的巨大森林中擺盪穿梭。

牠們各自覓食不同的食物，
也住在森林中不同地方。
有些在樹林裡面喋喋不休，
有些則在森林底層的林床闖蕩冒險。

一千二百萬至五百萬年前

隨著時間過去，雨量減少了，森林變成塊狀而不連續。有些猿猴開始只用兩隻腳步行、穿越開闊土地。那些較能適應變化環境的猿類，演化成為最初的人類。

編按：猿沒有尾巴，猴有尾巴。

科學家找到了其中最初的
猿人骨頭，取名為露西。
露西的生存年代是在三百五十萬年之前。

他們學會使用火
來保持溫暖。

他們也學會把石頭磨利當工具使用，
好在狩獵時派上用場。

化石中的腳印顯示，這些早期的人類
是併肩行走，穿越廣闊的平原。

一群群的人出走非洲，
找尋新的地方居住。

在他們探險的時候，地球變得越來越冷，
被冰覆蓋的面積擴大，海洋也結凍了。
在這些冰河時期的日子中，人類的生活是一場與自然間的搏鬥，
學會使用工具並且知道如何保暖的人，才能在環境中存活。
這些人往外遷徙，在世界各地定居。
他們的腦部越來越發達，也開始思考，
變得越來越像現今的我們。

六萬年前至今

當地球變暖，
他們開始耕種以便獲得食物。
現今世界上的每個人都和這些存活下來的人有親緣關係，包括你在內。

人類，跟地球上的其他生物一樣，

隨著時間逐漸演化發展。

現今

但是，人類在發展中摧毀了大自然，改變了氣候。
導致有些植物和動物再次消失。
我們人類要面對的課題，就是關懷地球——
這顆早已是我們家園的藍綠色星球。

不論有沒有人類，我們的行星都還會在太空中持續繞行億萬年。
所以地球上這個不可思議生命故事的結局，遠遠超過這本書的結尾。

四十五億年前　三十五億年前

實用的詞彙表

三葉蟲（Trilobite）　一種已經滅絕的海洋生物，身上有粗糙的外骨骼，把身體分成三個部分。出現於五億四千萬年前。

大陸（Continent）　巨大無比的陸地。現在地球上有七塊大陸板塊。

化石（Fossil）　在岩石中發現到的證據，讓我們知道有些生物曾經在幾億幾千幾萬年前出現過。

火山（Volcano）　有稱為火山口之大型開口的高山或是小山，熔岩和氣體會從地殼經由火山口噴發出來。

光合作用（Photosynthesis）　植物使用陽光、水，以及稱為二氧化碳的氣體來幫助自己生長的方式。

冰河時期（Ice ages）　地球上有很大部分的面積，曾經被冰覆蓋的長久時間。

爬蟲類（Reptiles）　有粗糙的皮膚，並且在陸地上產卵的外溫動物。

流星（Meteoroid）　在太空中旅行的岩石。

哺乳類（Mammals）　恆溫、有毛、直接產子，並以自己的乳汁哺育子代的動物。

恐龍（Dinosaurs）　爬蟲類，通常很巨大，生活於六千五百萬年前左右的地球。

氧氣（Oxygen）　一種由植物製造出來的無色無臭氣體。大多數的生物都得呼吸氧氣才能存活。

細胞（Cells）　微小的生物單位，是建構地球上所有生命的基礎。

提塔利克魚（Tiktaalik）　一種有四片像腳的鰭的大型魚類，也是最初從水中爬出來在陸地上行走的動物之一。現已滅絕。

黑煙囪（Black smoker）　海底的火山，會噴發出滾燙的水。由於水中具有微小的黑色粒子，讓它看起來像是黑色的煙囪。

接下來會是什麼？

現今

六萬年至今

五百萬至六萬年前　一千二百萬至五百萬年前　六千五百

滅絕（Extinct）　某種生物全數死亡，不再存活於地球上。

隕石（Meteorite）　穿越太空，最後撞擊到地球上的岩石。

演化（Evolution）　生物隨著時間改變的過程，有時候會有不同的生活型態。

熔岩（Lava）　從火山噴發出來的滾燙、紅熱的熔化岩石。

露西（Lucy）　為發現於非洲的最初猿人化石之名字。

審訂者的話

黃大一（臺灣知名古生物專家）

我們地球的生命演化非常有趣，從三十幾億年前的簡單細胞生物開始，到最早長出眼睛的三葉蟲，開展了生物界「你不是獵人就是獵物」的軍武競爭，再到龐然大物、走路有如地震的地震龍，到現今沒有毛、會走路的猩猩——就是我們人類啦！

在這個漫長的過程當中，有些部分值得我們仔細了解。地球上最開始出現的簡單生命，小到我們肉眼看不見，需要使用顯微鏡才看得到，科學家稱當時為隱生宙。

到了大約六億三千萬年前，地球歷經了幾次的大冰期，整個地球變成像個大雪球那樣。大冰期之後，海洋裡開始出現一些很奇妙的大型生物，開始了顯生宙，稱作埃迪卡拉紀生物群，最大的生物長達二公尺。但是，到了大約五億四千萬年前，牠們全部都死光光了，到了寒武紀早期，整個生物的演化又重新蓬勃展開，也就是所謂的寒武紀生命爆發，出現了很多奇形怪狀的生物，如身體上長有九個眼睛的蟲。

雖然現今地球上的生物種類繁多，從最原始細胞的後裔，一直到靈巧的哺乳類動物，但如果拿目前存活的物種數量，和曾經存在於地球上的物種數量的總數相比，相信結果會讓你吃驚！現存物種只占百分之五，其餘百分之九十五都已滅絕，較幸運的，就變成了化石，讓我們有機會認識、了解。

地球上的每種生物，都歷經了出現、興盛、茁壯，甚至面臨滅絕的命運，因此，我們更應該好好認識並珍惜地球生物多樣化的美景。